MOUAYA TSIBA

Un mariage pas comme les autres

MOUAYA TSIBA

Un mariage pas comme les autres

La fusion mélancolique de la joie et la tristesse d'un mariage

Éditions Vie

Imprint

Any brand names and product names mentioned in this book are subject to trademark, brand or patent protection and are trademarks or registered trademarks of their respective holders. The use of brand names, product names, common names, trade names, product descriptions etc. even without a particular marking in this work is in no way to be construed to mean that such names may be regarded as unrestricted in respect of trademark and brand protection legislation and could thus be used by anyone.

Cover image: www.ingimage.com

Publisher:
Éditions Vie
is a trademark of
Dodo Books Indian Ocean Ltd. and OmniScriptum S.R.L publishing group

120 High Road, East Finchley, London, N2 9ED, United Kingdom
Str. Armeneasca 28/1, office 1, Chisinau MD-2012, Republic of Moldova, Europe
Printed at: see last page
ISBN: 978-613-9-59839-7

UN MARIAGE PAS COMME LES AUTRES

De la naissance à la mort, autant sont des situations à la fois heureuses et angoissantes que sont sujets différentes personnes. Ce parcours de combattant est une obligation pour chacun de nous et à notre propre situation, on y ajoute celle de l'autre, pour des couples bien sûr. La gestion quotidienne de la sommes de tous ces agissements inconnus qui surgissent dans la vie d'un couple sont souvent à l'origine de beaucoup de divorces si les concernés ne peuvent pas faire preuve d'humilité, d'amour, de compréhension, de confiance et de l'esprit de dépassement. Il n' y a que par ce sacrifice de chaque partie prenante que la vie de couple peut-être sauvée pendant le temps des tribulations et pourtant très court, mais très difficile à supporter. Pendant ce voyage si court, revêtons-nous aussi, de la douceur qui est une valeur synonyme de grandeur et non de lâcheté.

Mes félicitations parce que vous avez bravez et surmonté ce qui semblait être insurmontable. Quelle belle vie des couples qui ont grandi ?

UN MARIAGE PAS
COMME LES AUTRES

J'ai cru être heureux après mon mariage ; car, ce jour brillait en moi comme une étincelle plus brillante que le soleil et plus vermeille que la rose du matin, plus blanc que le lis d'un iceberg.

Oh ! Vous les Guides si silencieux pourquoi m'avoir laissé patauger dans une boue envoutante ? Je suis redescendu au plus infime niveau de l'échelle d'amour ; parce que j'ai été soumis à des atrocités sans issus pour un nouveau mariage des jeunes mariés à un sourire obscurci....
Mon histoire vraie, commence le jour même de la célébration de notre mariage, par la réflexion du futur bel oncle, je cite : « ma nièce, est ce que ton mari a été choisi par toi ? Car, j'ai célébré des mariages dans cette famille, mais il n'y a pas eu un mariage pas comme le tien ; regarde le ciel comme il est devenu. »
Réponse de la nièce : « il n'y a rien de particulier » ;
Et à l'oncle d'ajouter : « le ciel est noir, c'est ce qui caractérise ton mariage. »
En ce net moment, tous nous regardions vers le ciel pour la confirmation individuelle de ce que nous venons d'entendre. Mais rien de particulier, murmura la foule. Les gens ont commencé à douter du sérieux de l'oncle et en même temps avoir des pensées sur le défunt père de la future mariée.
Omnambulé par ce jour aussi parfumé à l'extrême, je ne puis aller plus loin dans ma réflexion afin de déchiffrer l'énigme de mon bel oncle, faisant apparaître quelques taches noires sur mon drap kaolin. J'ai été fier de doter ma femme, ce qui est normal pour un jeune garçon aussi beau de ma génération qui veut montrer qu'il devient fort et capable d'assumer ses responsabilités. Mais en même temps, je commençais à être troublé par sans doute ces paroles annonciatrices de quelque chose de lugubre....
Ce que je suis en train de dire n'est pas un fait imaginaire, mais le vécu quotidien d'un jeune marié qui s'était jeté aveuglement dans un trou à vipères et couleuvres et ou toutes autres espèces de serpents venimeux.
Je me surnomme MARIAGLY, de mon vrai nom NGÂ- NGHO Rixon. Ce nom n'est autre que la résultante de deux noms, hérités du père à mon

père qui se nommait NGÂ, qui veut dire féticheur si l'on insiste sur le son Â, ou encore l'appartenance si l'on n'insiste pas sur ladite lettre, du dialecte de mon père. Le second vient de celui du père à ma mère qui se nommait NGHO, qui signifie panthère. Ces deux noms dans ma contrée caractérisent à la fois le respect et la peur ; donc pour certains, je suis le féticheur et pour d'autres langues, j'ai le totem de la panthère qui symbolise les grands chasseurs et aussi le tueur d'âmes. Je suis tout, bon et mauvais dans un même personnage que je représente dans mon village qu'on appelle KENVOUKA c'est-à-dire une mutuelle ou encore une association. Est-ce pour ainsi dire que c'est une simple coïncidence de noms ou bien les parents avaient une explication qu'ils gardaient jalousement ; attendant ainsi l'accomplissement du destin qui avait été sans doute tracé par mes ancêtres et Dieu à travers eux (...).

Donc, vous comprenez bien pourquoi mon mariage est un événement qui attire tous les habitants de Kenvouka et tous les passants, qui sont obligés de s'arrêter quelques minutes avant de continuer leur chemin. Donc, c'est une grande fête maquillée de toutes les surprises possibles et inattendues, à commencer par une triomphale arrivée comme le savaient bien organiser les deux vieux encore vivants de ma lignée paternelle et maternelle aux noms de MAMONA et MOUTSOUKA. Il a fallu près d'une heure et trente minute avant d'atteindre l'autre extrémité du village rue, de près de trois kilomètres de long. Les chants de victoire, d'assurance de chez moi, les sons des tam-tams et des trempettes faites avec des cornes d'un bongo mâle, tous les habitants de mon quartier étaient mobilisés. Chacun s'est fait beau à sa manière, avec des habits et des parures qui sommeillaient aussi longtemps dans les valises en carton ou en bois qui n'attendaient que de telles occasions ; Elles sont si rares dans le village. J'avais en bandoulière une couverture rouge qui descendait jusqu'aux genoux, la peau de panthère surplombait mon épaule gauche et ma main droite tenait un « balai » fait à base de la queue de buffle. J'étais entouré par les deux vieillards habillés de la même sorte que moi : c'est vraiment la démonstration de la puissance d'un jeune-homme qui va à bientôt être un vrai homme. Le groupe grossissait au fur et à mesure

que nous avancions vers l'objectif. Il y eu une véritable agitation dans la belle famille, ce qui est normal car c'est elle qui nous reçoit.
Au seuil de l'entrée de la parcelle, l'une des calebasses du « ntsamba » s'est coupée en deux, dans le panier porté sur le dos de ma tante.
Malgré ce premier signe annonciateur d'un mariage authentique, personne n'hésitât un seul instant, nous sommes tous rentrés dans la parcelle avec toute la joie de départ de notre maison. Nous sommes chaleureusement reçus par les belles sœurs qui nous installèrent sur des chaises prévues pour la circonstance.

PHASE I

Enfin, le moment tant attendu arriva,

Cette première phase de notre cérémonie commença par des belles citations de l'un des meilleurs « Ndzondzi » choisi par la belle famille. Et ce fut le jeu de réplique entre les deux meilleurs Ndzondzi de la contrée, car, le nôtre était connu par sa dextérité en la matière. Quelle joie de voir deux personnes qui s'affrontent fraternellement dans l'objectif d'unir deux familles, autrefois éloignées, mais aujourd'hui commencent à se partager le destin de deux jeunes gens ; c'est le plus beau jour. Notre Ndzondzi, sûr de lui ; il suffisait de voir comment était son pas et son gestuel pour être convaincu, la raison de ce calme est le fait que ma famille avait regroupé tout ce qui avait été demandé par la belle famille. Arrivé au milieu de la foule, il plongea sa main dans la poche droite de son costume et sorti un papier soigneusement plié : c'est la fameuse liste dans laquelle la belle famille avait tout demandé, le ciel et la terre. Il exhiba quelques pas de danse au rythme d'un groupe religieux que nous avions trouvé sur place. Dieu est au-dessus de tout. Les deux familles étaient en liesse, sauf mon bel oncle. A le voir, il exhibait une mine hors de ladite fête.

De mon côté, tout en exhibant mes pas de danse, j'avais toujours un regard rivé sur lui, afin de chercher à découvrir un peu plus à son sujet. Après cette chaude animation par les musiciens chrétiens, le moment tant attendu va à bientôt commencer ; mon cœur bat la chamade, je tremble et je me suis jeté dans les bras de ma tante, malgré l'assurance d'avoir regroupé tous les objets demandés par la belle famille.

Silence ! Silence ! Silence ! demanda la voix retentissante de notre Ndzondzi qui s'est fait rejoindre par son collègue, adversaire pour la circonstance. Les deux se retrouvent au centre de la foule, tenant chacun une copie de ladite liste des objets. Il y eu un calme absolu, sauf le bruit des pleurs d'enfants pouvaient se faire entendre. Tous avions des yeux fixés vers les deux personnages aussi imposants par leur carrure morphologique. Les deux protagonistes circonstanciels sont-ils sapologues ? par le choix des couleurs de leurs costumes ; rouge- bordeaux avec rayures verticales pour le Ndzondzi de la belle

famille et bleu- ciel pour le nôtre : ils sont bien habillés et bien chaussés en lacets croco.
En lisant les différents objets de ladite liste ; à chaque objet prononcé, mes neveux et cousins sortaient le nombre exigé par la belle famille. Chose curieuse, tous les objets demandés étaient toujours au nombre de douze(12) ; même pour ceux qui sont souvent demandés en tenant compte du nombre de tantes et autres..., 12 dames jeannes de vin rouge avec emballage en liane, 12 dames jeannes de ntsamba, malgré que l'une d'elles s' était cassée à l' entrée de la parcelle en signe de reconnaissance ancestrale imposée par l'invisible ; 12 whisky, 12 machettes, 12 pagnes, 12 mouchoirs de tête, malgré que les tantes étaient au nombre de six, 12 casiers de bière, 12 casiers de jus, 12 lampes, 12 morceaux de savon de Marseille, 12 cartouches des allumettes, 12 houes,(...). Sauf pour la veste ou le nombre 12, n'a pas été respecté. Chose curieuse, lorsque notre défenseur souleva la veste de couleur bleu ciel par coïncidence, il y eu une réaction aussi violente de l'oncle, car, sa couleur préférée est noire.
Oh ! oh ! oh ! oh ! s'exclama la foule et après survint un silence de mort pendant près de cinq minutes. Nous ne savions plus que faire et même notre Ndzondzi, malgré son expérience en cette qualité, il ne savait plus quoi dire. Il se retourna plusieurs fois sur lui-même, tenant toujours dans ses mains la veste et la fixant religieusement sans mot dire.
Je pense qu'en ce net moment de crise, il était en train de chercher dans sa bibliothèque à idées, qu'elle est la parole pouvant correspondre avec la réaction du bel oncle.
Brusquement, il entonna un chant et exhiba une danse en sauts de biche. Il chanta, dansa et il fut accompagné par les autres sachants qui comprenaient le bien fondé et le sens des paroles chantées et les pas de danse exhibés.
Tout à coup, patati patatras et d'une façon inopinée un tourbillon s'éleva au milieu de la foule, là où sont disposés les objets sur une large natte multicolore symbolisant le métier de tissage très bien maîtrisé par les vieilles BOUNA et BAYI. Les gens poussèrent des cris de détresse et de malheur qui était en train de s'abattre sur le jeune couple ; c'est encore une fois de plus un mauvais présage disaient

certaines langues et d'autres ont interprété cela, comme étant une façon exceptionnelle des ancêtres d'accepter le mariage, car aucun objet n'a disparu et tout est resté sur la natte. Malgré ces chuchotements, mon corps fut traversé par un énorme courant froid de la tête aux pieds ; par contre ma très chère future épouse se voyait les larmes embrasser silencieusement ses joues dorées de toutes les sortes de pommades ; elle devient pâle.

J'ai vraiment peur de la suite.

Voilà ce qui me réconforte et me donna de nouveau courage de continuer à célébrer ce mariage traditionnel ; la croyance des ancêtres et de Dieu, qui nous assistent. Qu'à cela ne tienne, la dote en argent respecte la logique du nombre douze et s'élève à hauteur de trois cent cinquante-quatre mille francs. Ce chiffre commençait déjà à me faire peur et je me posais la question de savoir s'il était bénéfique ou maléfique, je ne savais plus à quel Saint me vouer, aux Dieux de mes ancêtres ou au seul Dieu des chrétiens. Mes larmes étaient étouffées par un lourd tonnage de froideur.

Être courageux, doit-être mon bâton de pèlerin.

En dépit de ce qui se passait, la foule devenait de plus en plus nombreuse, car, les cris de malheur ne cessaient d'attirer les passants, cherchant à savoir ce qui se passait.

Enfin, malgré ce trouble, notre sage défenseur à la suite de sa chanson, déclara que chaque couleur à son éclat et sans doute sa signification ; mais, nous regrettons que notre belle famille dans sa liste, avait oublié de préciser la couleur de la veste, ni des pagnes et ni même de l'argent ; car, nous sommes capables parce qu'aucune chose de la liste n'a pas été oublié. Comme notre bel oncle sait pourquoi il veut de la couleur noire, alors il partira dans le magasin d'achat de cette veste pour l'échanger. A la fin de sa parole, pour faire renaitre la joie et la confiance en toute la foule et surtout à la famille demandeuse de la main de la fille, il sollicita au groupe religieux d'animer, afin de dissiper tout ce mal entendu improvisé. Avec des voix envoutantes et des sons du monde divin, les musiciens ont su interpréter le cantique intitulé : « Dieu est grand et il est là avec nous » ; oui, il est grand, malgré toutes ces tracasseries, tout le monde rétien encore le souffle et ce chant a réconforté toute l'assistance ; donc, on peut encore espérer. Mais, les habitués des « dot », commençaient à qualifier ce mariage très différent des autres mariages déjà célébrés dans la contrée. Et d'autres encore, allaient plus loin en disant que du vivant de son père, de telles choses ne devaient pas se produire, car, lui, disaient-ils était sage et très simple en ce qui concerne la dot de ses filles. La référence étant le mariage de sa première fille NGA-MBÂ, c'est-à-dire la détentrice du feu.

Mais, comme de nature, même le cadavre en route pour le cimetière peut se défendre en faisant courir de gauche à droite les porteurs de son cercueil ; alors, le Ndzondzi de ma belle-famille, après concertation avec mon bel oncle et les membres de ladite famille ; fait à son tour savoir que la préférence de l'oncle de la jeune mariée n'était qu'une simple exclamation, mais pas un refus du costume, non plus il ne pourra se permettre d'y aller l'échanger, car, cela changerait aussi le sens même et la joie qu'apporte une telle cérémonie dans la famille et surtout pour sa nièce.

Ouf ! Ce fut un grand soulagement qui s'exprima par les gouttes de larmes qui mouillèrent ma chemise ; quelle émotion ? Ma future femme, essuya mes larmes et aussi mes amis se rapprochèrent pour m'encourager. En dépit de tous ces encouragements, la tristesse avait pris le dessus sur ma joie initiale. L'imagination sombre de l'avenir de notre union mariale gagna une fois de plus la foule et surtout les langues légères ont déjà circonscrit le court terme de notre couple.

Même, les présents de la dot octroyée par ma belle-famille semblaient passés inaperçus dans ma tête, moins encore le repas proposé à cet effet, devenait de plus en plus froid parce que je n'avais plus d'appétit. Je loue vraiment la dextérité de mes belles-sœurs qui ont pu me faire manger et boire un verre de ntsamba que j'en raffole souvent. J'aime ma femme et rien d'autres ; à ce titre, j'étais prêt à assumer tout, afin de ne rien gâcher ; car, je suis comme un soldat entrainé pour la plus meurtrière des guerres et il faut se battre pour survivre dans cette atrocité. La plus belle femme du monde de ma vie, je t'aime, ainsi est ma parole rassurante à l'oreille de ma CHANCE, diminutif de Chancelvie, son prénom.

La nuit a été très longue, mais le jour s'est levé et ce fut la fin du marathon.

PHASE II

Le début d'une vie de couple,

Les jours passants, l'impatience commençait à prendre place dans mes pensées, car, j'attendais fiévreusement mon épouse parce que selon la coutume la femme dotée ne peut quitter sa famille le même jour, plutôt qu'elle doit être accompagnée par les membres choisis par sa famille dans sa nouvelle famille.
Ce jour tant attendu est arrivé, encore ce nombre qui ne cessait de me suivre ; douze jours après la cérémonie de dot, ma chérie est enfin assise dans la cuisine en face de ma mère au nom de MADAMA, une femme de courte taille, stylée mais de caractère. Elle jubilait le fait d'avoir à ses côtés une jeune et très belle, belle-fille issue d'une famille qu'elle respecte en mémoire de ces défunts parents qui étaient travailleurs et gentils.
Après tout, nous sommes dans notre maison et là commence l'autre mariage que je croyais être un chemin sans épines.
Chaque existence est sans doute la résultante confuse de son passé lointain, aussi bien qu'après avoir bu la lie de l'oubli, se permet même de se refuser. A ce titre, c'est ce qui explique que « personne ne peut voir la nuque» dit un proverbe de chez moi. Autre énigme sérieux est que nous croyons toujours savoir où nous allons. Non nous n'avons aucune maîtrise de ce que nous serons, malgré notre évolution scientifique, culturelle, politique et économique.
Exception faite peut-être pour quelques hommes aussi, rares qui sont à mesure de nous dire l'avenir d'un couple comme le nôtre. Mais, surtout lorsqu'on croit aimer, on commence à réciter cette belle citation tellement populaire dans les différentes administrations de mon pays : « ***on se marie pour le meilleur et pour le pire*** ». La question que je peux me permettre de poser est celle de savoir si les gens prennent-ils le temps de réfléchir sur cette citation, tant aimée par les hommes et les femmes sur le podium de la salle de mariage des mairies ?
Ah ! Qu'il est beau de marié ou d'être mariée.
La Vraie nuit, attendue par tous les hommes, arrive aux galops. Et au fur et à mesure que les heures passent, je suis nerveux et anxieux ; je multiplie les tours entre notre belle case déjà prête à nous recevoir et

la cuisine où ma belle, travaille d'arrache-pied avec ma mère, l'occasion de montrer qu'elle est aussi une grande femme en puissance. Celle-ci est qualifiée d'être la meilleure nuit, l'unique à en croire les mentors. Quand je pense encore à ce douloureux jour de la dot, j'ai peur de ne pas savoir comment va être notre première nuit. En même temps, je rêve d'une nuit ensoleillée où brille et rayonne tout. J'imagine voir ma femme descendre du ciel, comme un ange dans toutes ses formes d'ailes jamais vues sur terre. Dans ses bras illuminés, je serai plâtré contre la coupe d'amour de son cœur où nous dormions dans les draps les plus blancs que la nouvelle neige.

Oh ! La prophétie du lit devenant prête à s'accomplir, je commençais à ressentir les signes précurseurs à partir de dix-sept heures zéro ; heure locale. Assis sur une chaise en lianes de fabrication traditionnelle ; je vis un corbeau en descente libre, se précipiter de venir se réfugier dans la cime du safoutier se trouvant dans la parcelle. Il ne s'arrête pas là, il foule le sol et commence à picoter de gauche à droite en se dirigeant vers la cuisine où ma femme s'activait à préparer la soupe du poisson d'eau douce au piment vert ; cadeau de mon cousin germain LEBLANC.

Les précurseurs de mon jour de joie étouffée avaient été annoncés par un voyant consulté du vivant de mes parents, il y a de cela douze ans. Il avait dit qu'il y aura des signes qui me feront savoir que mon mariage sera très différent des autres mariages de la contrée.

Je ne puis supporté qu'il continue d'avancer vers la cuisine, et je me suis levé aussi soudainement tout en proférant à haute voix des paroles de protection contre toutes tentatives d'envoutement contre mon jeune couple. Ce mouvement brusque a fait fuir l'oiseau, considéré chez moi comme un porte malheur lorsqu'il arrive chez vous. Ayant suivi combien de fois j'étais en train de vociférer, mon « BB » sortie de la cuisine et me posa la question de savoir à qui je parlais. Réponse : Il s'agit de l'oiseau porteur de mauvais présages. Et mon regard était orienté vers l'oiseau afin d'être rassurer qu'il s'éloignait de notre demeure. Plus haut dans le ciel, je me suis retourné et face à la porte de la cuisine, je vis une grande et imposante silhouette, c'est celle de ma femme, comme elle est très belle et je suis resté sans mots dire ;

j'étais stupéfait ; vraiment ma femme est très belle et j'en suis heureux et fier d'être son mari. D'ailleurs je la mérite.
Après le copieux repas du soir à base du poisson d'eau douce accompagné du pain de manioc, il était temps d'y aller dans notre case nouvellement construit afin de recevoir ma femme ; mais elle est située à l'écart de celles de mon père et ses deux femmes.
Dans notre chambre, ma femme semblait être plus absente qu'elle n'était dans la cuisine où elle a excellée dans l'art culinaire avec ma mère. Froidement, elle s'est couverte du drap et s'est endormi sans même bougée et face contre le mur. Par contre, je n'ai pu fermer l'œil, attendant qu'elle vienne à moi, pour que nous puissions chuchoter quelques mots d'amour ; peine perdue. Ayant trop travaillée, cela me paraissait normal qu'elle est pu dormir pendant cette première nuit. Je gardais l'espoir pour les autres nuits qui suivaient, mais en vain. Après une semaine, je commençais à me poser mille et une questions qui restèrent sans réponses. Ne pouvant plus supporter 3 mois après ; Dans cette nuit du septième jour, du septième mois de la septième année de notre arrivée dans ce village ; j'avais compris en fin que ma femme n'est pas normale et il y a quelque chose qui ne clochait pas, malgré sa beauté et sa féminité. Pendant tout ce temps, je rassurais ma famille et les amis de la bonne conduite de ma bien aimée. Ce qui me paraissait vraiment bizarre, pendant la journée, elle était toute gaie et avait toujours bonne mine, gentille envers tout le monde sans exception. Elle était très bien appréciée par tous et les gens me suppliaient de ne jamais la répudier, car, elle est une bonne épouse que tous les hommes souhaiteraient avoir sous son toit. J'étais de plus en plus confus et tendu au fil de temps, parce que faire le contraire de ce que disent les gens du village et ma famille, c'est que j'accepte être leur adversaire ; je ne peux pas. Pendant ce temps, toutes les nuits ma femme ne cesse de me surprendre par toutes les nouvelles faces qu'elle ne cesse de me présenter. Je ne la veux plus, elle devient un fardeau pour moi, les années passant. Je n'ai pas d'enfants et je deviens la risée de tous. Tout le monde me traite d'incapable et d'homme sans intérêt dans le village, malgré le statut familial. Je devenais nerveux et souffrant à la fois de la variation permanente et régulière de ma tension artérielle. Je suis en train de mourir à petit

feu et je ne peux même pas essayer d'expliquer mon malheur à qui peut m'entendre. La vie du couple n'était pas, mais, tous les jours nous vivions un semblant mariage afin de camoufler ce désastre : je ne savais plus à quel Saint voué.

Cette nuit-là, j'ai cherché à savoir à quoi était dû ce refus catégorique d'être ma femme ; pour cela j'ai usé d'une nouvelle stratégie après l'échec d'une dizaine afin de découvrir comme un petit voyou la nudité de ma propre chère épouse par des moyens sans scrupule. Ma femme, ai-je dit, depuis que tu es arrivée chez moi, il me semble que tu n'as pas encore fait la soupe avec le fruit de mon habilité de grand chasseur et de la dextérité du vrai pêcheur que je suis. Alors, elle répondit en me disant qu'elle attendait le butin avec impatience. Je suis honoré par cette parole ma très chère épouse, je vais te prouver de quoi je suis capable.

Je pris mon fusil et mes hameçons que j'avais déjà introduites dans les cafards, insectes appréciés par tous les poissons. Je la demandais de ne pas laisser la clef à la porte, car j'ai sur moi la deuxième clef. Comme d'habitude, elle se lavait au salon de notre case après que je sois parti. Cette fois ci, elle se trompe car son propre mari va le guetter étant dans le bois rangé de l'autre coin de notre salon. Elle ne se doutait de rien et moi à mon tour j'ai fait semblant de partir en ouvrant et fermant la porte et rapidement je me suis placé dans ma cachette, attendant qu'elle fasse irruption pour prendre son bain. Une heure d'attente devenait insupportable et plus le temps passait je devenais de plus en plus impatient. Mais, trente minutes après, les dieux de mes ancêtres ont exaucé à mes doléances et comprit toutes mes souffrances. Elle est sortie de la chambre, pagne sur sa poitrine et après avoir déposé le sceau sur un morceau de planche prévue à cet effet ; elle décida de se déshabiller en jetant son pagne sur le bois où j'étais et du coup mon issu d'observation fut bouché. Comment faire pour me débarrasser de ce pagne ? Au risque de me faire surprendre. Il n'y a eu que le bruissement des jets d'eau qu'elle lançait sur son corps qui me rassurait. Cinq minutes plus tard, je vois le pagne volé dans les mains d'une si belle silhouette toute nue devant moi ; je ne croyais pas mes yeux. Quelle beauté, une taille de guêpe, des seins extraordinaires ; tout est juste et bon. Elle est une femme comme toutes les femmes, rien d'anormal. Je suis déçu, car je m'attendais à un défaut sur son corps. Alors, pourquoi elle ne veut pas être ma femme ? Il doit avoir une raison qu'elle ne maîtrise pas, d'où il me faut d'autres hypothèses de solution. Ma beauté est allée dans la chambre, avec toute la délicatesse possible je suis sorti et ferma la porte, mais en me retournant afin de disparaître derrière la case à destination de la forêt, j'ai trébuché contre un morceau de bambou, un bruit sourd se fut entendre par ma mère et par elle ; car, elles toussèrent au même moment, ceci pour signaler qu'elles sont éveillées et s'il y a un voleur ou un étrange personnage, ce dernier comprendra qu'il est suivi et ne peut plus commettre son forfait. En fin, j'ai disparu dans la forêt à la recherche d'un gibier qui s'aventurait plus proche du village comme cela était de coutume. Quelques minutes après que je faufilais dans les buissons, c'est un bruit aussi mesuré, coupant les herbes que j'entendis et je me suis debout sans faire du bruit et il a fallu tout de suite éteindre la lumière de la torche accrochée à la tempe gauche de ma tête par une ceinture en caoutchouc. Je pris la position à genou et la gâchette du fusil, prête à être appuyée, j'attendais qu'ils avancent de nouveau et ce qui fut cinq minutes après. Après avoir allumé la lumière de la torche, le bruit s'arrêta brusquement et c'est le moment d'appuyer sur la gâchette qui déclencha la sortie des balles de ma cartouche n°002 et un bruit se fut entendre et les gens crillèrent dans le village en disant : « qui veut nous tuer ? ». Un petit temps mort suffisait pour aller se rendre compte du résultat ; j'ai finalement réussi à abattre un mâle et deux femelles de « nsibissi » ; Le butin est très alléchant. Classés dans mon sac à dos, je me suis dirigé vers le marigot où j'avais déjà tendu une cinquantaine d'hameçons avec comme appât les cafards très appréciés par les silures.

PHASE III
Enfin, le futur père,

Un jour ma très chère épouse m'appela de la rejoindre dans notre maison au vu et au su de mes parents, alors que cela était vu comme un manque de respect dans notre famille. J'étais gêné et ne savais quoi faire. Heureusement pour moi, l'un de mes amis nous a rendu visite et cela fut comme une excuse pour moi d'y aller rejoindre ma femme ; ce fut un grand ouf de soulagement. Ensuite, l'ami qui était venu nous rendre visite, parti aussi vite que je ne m'y attendais, car, il était attendu par son père. Cela m'arrange aussi parce que je veux découvrir la raison de cet appel étant seul avec elle. Dans le salon, elle n'était pas et je me suis précipité d'y entrer dans la chambre et là, grande est la surprise qui m'a fait sursauter. Quelle silhouette toute allongée sous un tissu très transparent et léger qui laissait toute cette beauté être vue par le premier entrant. Enfin, elle était décidée de me faire changer ma conception et mes doutes en sa personne. Je ne savais pas que faire et quoi dire devant cet inopiné moment qui arrive en plein jour. Elle quitta promptement le lit et s'est mise debout au coin du lit afin que je puisse bien la voir. Je n'arrivais pas à croire qu'après douze mois de tentative sans succès : incroyable mais vrai, je suis devant un fait accompli, encore le chiffre douze. J'étais hésitant et ne sachant plus par où commencer et j'ai eu carence des mots, malgré que souvent ma langue n'est pas en manque de quoi dire. Ayant comprise, que j'étais stupéfait et ne pouvant même pas faire un geste, elle prit le devant et m'encouragea d'avancer vers elle, car dit-t-elle c'est moi ta très chère épouse au prénom de Chancelvie et elle me serra dans ses bras. En ce moment-là, je me suis rendu compte de ce qui se passait et j'ai senti mon corps.

Après un temps de stupéfaction, mon ombre la couvrit et pour y demeurer pendant neuf mois dans son sein virginal. Ouf ! Enfin, Je me sens être un homme. Pour continuer de savourer ce moment de vie conjugale, je suis sortis de ma maison fusil à l'épaule, j'ai faufilé dans la caféière de mon père et disparu dans la jungle pour aller à une partie de chasse afin d'exprimer ma joie. Deux heures de temps suffisaient pour que j'abatte un potamochère mâle. Tout de suite, j'ai rebroussé

chemin afin de célébrer cette victoire par une bonne soupe d'une chair fraiche d'un gibier fraichement abattu.
Ma femme attend un enfant, mais là commence une autre paire de manches, de quel sexe sera notre enfant ? Une autre épreuve nous attend : un garçonnet ou une fillette ? Mais, il y a dans le village des Sages-femmes traditionnelles, surtout celle au nom de NGOUOMO-HOUTO. Elle a été sollicitée par ma mère afin de suivre l'évolution de la grossesse. La joie et la peur se disputaient le chemin de vie de mon cœur, de mes pensées. Au fur et à mesure que les mois avançaient vers le chiffre neuf, alors la trouille augmentait sa pression sur ma personne. Tout le village est en alerte, tous attendent enfin le premier enfant de notre couple. La mère de ma femme nous rendait visite tous les matins et tous les soirs dès son retour des champs. . La Sage-femme venait aussi chaque matin et chaque soir pour se rassurer de la bonne évolution de la grossesse. Selon le positionnement du nombril et la force avec laquelle le fœtus envoyait ses coups sur le ventre de sa mère, elle a prédit qu'il s'agit d'un héritier de la famille qui s'apprête à être né. Grande est ma joie, mais il faut encore attendre que ce temps soit expiré et que par la coopération du Saint-Esprit, cet enfant tant attendu, finisse par visiter le monde.
Ce pèlerinage du jeune innocent a commencé ; Il est une heure et vingt minutes, du troisième jour de la lune croissante, quand je constate les grimaces, les gestes inhabituels de ma femme à cette heure ; souvent elle dore profondément. Elle ne veut rien me dire et fait semblant de ne pas souffrir ; peut-être que ce sont les consignes de la sage-femme. Une heure de temps après la première vague des douleurs minimes qu'elle était à mesure de supporter ; cette fois-ci, la rupture entre le fœtus et les entrailles de sa mère devient de plus en plus prononcée. Elle pousse des cris de douleurs et, elle ne peut plus supporter seule, cette deuxième vague, qui est plus violente. Et cette fois-ci, elle a décidé de la partager avec moi. Pris de panique, car c'est pour la première fois que je sois au centre d'une telle situation, j'ai couru sans attendre auprès de ma mère pour la tenir informer de ce qui se passe et suis repartis tout de suite rejoindre la future mère.
Quelques minutes après, elle arrive accompagnée de la sage-femme qui tenait dans ces mains un paquet des feuilles de plusieurs espèces. Tout

de suite, elles me demandèrent de sortir de ma propre maison parce que je n'ai pas le droit de participer à cette séance, réservée uniquement aux femmes. Mon attente devenait de plus en plus insoutenable, car jusqu'à six heures du matin, ma mère ne sortait pas pour m'annoncer la bonne nouvelle. Je marchais sans arrêts entre ma maison et celle de mon père qui était à quelques dizaine de mètres de la mienne. Ouf ! À huit heures et trente minutes, ma mère sortie de la maison et je couru en sa direction pour en savoir plus, mais en vain ; pas de réponse ; elle continua son chemin en se faufilant dans la broussaille tenant dans ses mains une calebasse de deux litres de capacité. Je ne savais à quel saint me vouer, car le moment était devenu plus dure à vivre parce que deux vies sont entre la vie et la mort. Après dix minutes, maman ressorti avec sa calebasse et quelques herbes ; et sans mot dire une fois de plus, elle entra de nouveau dans la case. Je suis angoissé, anxieux et devenais plus vulnérable et en même temps colérique. J'attends depuis les heures de la nuit, celui qui vient honorer et changer mon statut dans le village, mais il retarde, pas parce qu'il ne veut pas ; sans doute parce que les conditions de sa venue ne sont pas encore réunies.

Nous sommes déjà à onze-heures de la journée, tout le village est en alerte. Les langues commencent à se délier et dire tout ce qui est censé être vrais ou faux. Les uns disent qu'il s'agit de l'oncle de ma femme, car il ne voulait pas de ce mariage depuis le premier jour. Pour d'autres, c'est plutôt mon oncle qui est souvent qualifié de pratiquant de la magie noire. Enfin, un raisonnement plus scientifique stipule qu'il s'agit du fait qu'elle accouche pour la première fois, il n'y a pas eu des pesées, donc, il faut- être patient. Dieu, merci et contre tout attente, à treize heures zéro, au moment où le désespoir commençait déjà à fleurter avec mes pensées ; le roi annonce son arrivée imminente. Il y a une agitation inaccoutumée dans les bananiers, car c'est sur la poubelle que ma femme a été étalée comme le veut la tradition pour une parturition difficile et compliquée. Deux minutes plus-tard, c'est le cri aigu et puissant qui se fait entendre malgré le vacarme des femmes qui entourent ma brave femme. Elles poussèrent des cris de joie à l'unisson : Milolo ! Milolo ! Milolooo ! ! s'exclame l'une des femmes et les autres répondent : oh !oh !oh !oh !oh en faisant vibrer les lèvres

de la bouche en agitant la main. Il est arrivé et les gens accouraient de partout pour vivre l'après naissance de ce vigoureux garçonnet. Je suis sorti de la maison, fusil en mains, et j'ai appuyé trois fois sur la gâchette afin d'annoncer l'arrivée d'un grand roi dans notre famille. Enfin, ma mère m'appelle de venir prendre mon enfant dans les bras afin de le présenter aux ancêtres, ce qui fut fait avec promptitude.
Le revers de la médaille d'une naissance pour la coutume est d'apprendre à oublier sa femme pour une durée de vingt-quatre mois, donc deux ans successifs. La jeune mère est entourée par la sage-femme, ma mère et ma belle-mère. Je n'ai plus le droit même de tenir mon jeune enfant pendant cette période et à plus forte raison sa mère. Pour que je puisse voir mon jeune Roi, il faut toutefois faire des rituels de purification afin de mettre l'enfant à l'abri des impuretés. Il faut préserver la pureté de l'enfant. Pendant ce temps, rien, je dis rien ne doit manquer à sa mère : viande, poisson, légume et les différentes huiles végétales. A partir de deux mois, elle fait déjà de l'en bon point et d'une beauté extraordinaire ; elle très belle, ma femme.
Les années passant, cinq ans après, ce fut la deuxième maternité avec les mêmes exigences et obligations. Toujours un fils, plus beau que son ainé, mais il tombe malade après avoir crié en plein sommeil. Ainsi, pendant cinq ans de sa vie parmi nous, nous avons enduré les souffrances d'une atrocité incroyable. Il ne parle pas, ne vois pas malgré ses yeux qui étaient bien ouverts, il ne peut s'asseoir et un jour sur deux, l'enfant était toujours dans la crise. Ma femme et moi étions devenus méconnaissables, la beauté a disparu de nos corps. Et nous avons risqué nos vie dans le seul souci de vouloir sauver notre fils, mais en vain. Il est reparti afin de poursuivre son pèlerinage vers les horizons meilleurs, tracés par nos Aïeux et le Créateur lui-même.
Ce fut un véritable choc pour nous et surtout pour les enfants, car à deux ans avant que le ciel ne tombe sur nos têtes, nous avions été conseillés d'avoir un troisième enfant qui nous serait d'un équilibre manifeste ; ce qui fut fait, heureusement d'ailleurs. Nous avons profondément soufferts et avions peur d'avoir d'autres maternités par la suite. Nos deux enfants sont restés des amis intimes avec lesquels nous partageons nos soucis de couple, de famille et de prise de décision sur une question donnée. Ce sont nos JUGES.

PHASE IV
Ma femme est honorée,

Trente et un ans, après notre première rencontre quand nous étions encore sur le banc de l'école ; elle au 1er cycle du secondaire, en classe de 3ème et moi en première année de l'Université. D'ailleurs, les deux familles ne s'y attendaient plus et ne croyaient pas à ce que je puisse faire ce que chaque homme se doit l'obligation de faire lorsqu'il veut devenir chef de famille. Plusieurs années de turbulence, parce qu'il y a déjà une difficulté d'avoir un poste de travail et quatre ans après avoir occupé un poste de travail, je le perd et c'est vraiment de la « galère »pendant dix ans où je ne trouve plus rien. Pendant cette période, je ne vivais plus, car les vaches maigres avaient mangées les vaches grasses. Les difficultés étaient de tout genre : le logement, l'alimentation, la santé à travers notre deuxième fils, paix à son âme, le vêtir et l'éducation.
Pendant cinq ans, la période de vie de notre regretté fils sur terre, a été une période qui a sollicité à 100 pour 100 notre moral, notre psychologie, notre courage, notre psychisme et notre spiritualité. Vraiment, c'était un temps très long et lourd, car nous ne savions plus qu'est-ce qu'il faut faire, quoi faire et comment faire parce que nous étions au bout de toutes les hypothèses de solution à notre disposition. La solitude a été notre ami quotidien, car tous ceux qui étaient les notre pendant le temps de vaches grasses avaient disparus. Nous étions seuls avec nos trois enfants, tous, des garçons. J'enseignais dans une école privée où je gagnais à peine une somme de 15.000 Francs CFA, laquelle somme me permettait de payer à peine le loyer qui coûtait 12.000 Francs CFA et la différence doit nous permettre de s'occuper de la nutrition, de l'éducation des deux enfants dont le premier était en classe de sixième et le second à l'école primaire. Le plus grand problème était d'assurer le traitement de celui qui avait une précaire santé, pouvant basculer d'un moment à un autre de la journée ou de la nuit. Nous ne dormions presque plus « des deux yeux » pendant ces cinq ans. Ce qui est très intéressant dans cette période est que Lui-même le CREATEUR a trouvé une autre famille pour nous. Cette nouvelle famille, nous a permis de traverser ce moment dramatique de

la gestion de ma sainte-famille. Nous avions parcourus toute la ville de Pointe-Noire et ses alentours à la recherche de la santé de notre bien aimé enfant. Ces médicaments pharmaceutiques venaient de l'Europe, car dans les pharmacies du pays, on ne pouvait pas en avoir. Les psychologues, les neurologues, les psychiatres, les spécialistes du cerveau, les féticheurs, les tradi-thérapeutes, les Prêtres, les Pasteurs et autres, ont été consultés : PAS DE SOLUTION. Nous étions devenus méconnaissables parce que notre pâleur sautait aux yeux de tous sans effort. Notre premier fils partait du quartier appelé « les Poissons salés » à son école, situé à côté de l'hôpital CONGO MALEMBE, à pieds et quatre jours sur cinq, il n'avait même pas un morceau de pain sec dans son sac comme les autres. Malgré, toutes ces difficultés mon fils n'a pas branché ; il est resté imperturbable jusqu'à l'obtention de son Brevet d'Etudes Moyennes et Générales. Il était toujours majeur à chaque niveau. Ah ! Il est au Lycée où au bout du compte, il a été reçu à son Baccalauréat série A. son petit frère suivait les traces de son grand frère. Ces enfants sont nos gâteaux précieux de la part de Dieu. Les deux avaient une grandeur d'esprit exceptionnelle, car ils comprenaient la situation dans laquelle nous vivions et qu'ils se devaient l'obligation de ne pas baisser les bras, malgré les différentes secousses de la vie. Ils se contentaient de notre niveau d'avoir. Celui qui était tombé malade depuis la première nuit de sa vie hors des entrailles de sa mère, après avoir crié dans le sommeil et souffert pendant cinq ans dans un silence innocent, sans mot dire, nous a permis de comprendre beaucoup des choses dont le résumé se trouve dans les phrases suivantes : « ***Nous méritons, Tout ce qui nous arrive en bien ou en mal et que chaque situation est toujours accompagnée de sa solution. Notre impatience et le manque de concentration, nous font prendre n'importe quelle initiative qui nous écarte de la meilleure voie. Rien ne servirait d'être étonné pourquoi cela nous arrive ; mais plutôt de dire merci, car nous méritons ce qui nous arrive accompagné de sa meilleure solution. Il faut une vigilance accrue afin de ne pas passer à côté de la vraie solution prévue pour cet épreuve*** ».

Ceci fut notre prière de tous les jours et les choses avaient commencé par changer, car les crises régulières de santé de notre fils avaient

cessé, j'étais sollicité par plusieurs écoles et ma femme vendait du manioc, des « patachous » et du bois énergie que nous achetions dans les villages de la région. Notre vie avait un peu changée et ceci jusqu'à ce dimanche où notre fils malade depuis plusieurs années accepta l'appel de Dieu pour la suite de son aventure.
Nous étions vraiment choqués, surtout pour les deux autres enfants qui ont vu leur frère repartir, car nous l'aimions tous dans cet état ; mais la leçon étant déjà bien comprise par tous. Nous avons remercié Dieu. Avec l'aide des Prêtres de notre église, du chef de quartier, mon cousin de notre nouvelle famille ; il fut enterré le même jour.
Un autre épisode de la vie a commencé, ce fut un vide sans précédent qui s'installa dans notre maison, **Christ Dorbriel** nous manque jusqu'au maintenant. Nous nous surveillions, de peur que l'un de nous ne perde le contrôle de la situation, surtout pour nous les parents. Certains de nos frères et sœurs de la nouvelle famille, ont même souhaité que les psychologues et les sociologues interviennent, ils avaient peur que l'un des enfants ne soit affecté par tout ce qu'ils sont en train de vivre. Nous avons rejeté cette proposition parce qu'il n'y a pas meilleurs psychologue et sociologue que les parents. Nous avions de la visite tous les jours du matin au soir, ce fut la véritable assistance de toute ma vie. Surtout un grand hommage à ces deux vieilles tantes paternelles de ma femme qui ont décidé de vivre avec nous, deux semaines après les obsèques de notre fils.
Le vent passant à son rythme, nous avons réussi à notre examen et ne pouvons plus accepter de faire souffrir ma famille, je décidais de revenir vers mes premiers pas, malgré, l'évanouissement de mes qualités de grand chasseur de mon village.
Comme « Dieu ne dort pas », j'étais obligé de revenir dans ma terre natale où j'ai retrouvé toutes mes forces et mes pouvoirs ancestraux. La première nuit de mon arrivée, ma force noctambule reprit sa place, car le vieux mâle de sanglier, fut ma première victime, la fête fut grande au village et la soupe sauvage sans condiments embrassa de nouveau mes papilles. Nous avons mangé jusqu'à notre fin, chose que nous ne connaissions plus, il y a de cela plusieurs années. Quand je regardais mes enfants manger, je pleurais.

J'ai cru avoir terminé avec toutes ces situations difficiles, mais c'est sans compter sur la Nature qui s'apprêtait à m'infliger une autre paire d'épreuves : le mariage à l'Etat civil et à l'Eglise. Ainsi, va la vie et je devenais de plus en plus pessimiste et je commençais à gérer avec amertume cette situation qui devenait de plus en plus gênante depuis mon foyer, dans la rue et pendant les mariages des autres. Notre benjamin ne cessa de nous embarrasser, surtout lorsque nous sommes invités à un mariage et notre réponse était toujours : « fils donne nous les moyens nécessaires ».
Quatre ans après notre arrivée au village, je me suis engagé à vouloir résoudre ce problème qui commençait à devenir source de contradiction entre ma femme et moi. Ainsi, j'ai envoyé une lettre à l'oncle de ma femme, mère de mes deux jeunes garçons, afin de doter de nouveau ma femme. La première lettre est restée sans réponse pendant 365 jours ; il a fallu écrire une seconde lettre plus menaçante. Enfin, une réponse à mes lettres m'autorisant d'y aller doter définitivement ma chérie. Pensant à tout ce qui s'était passé avant, pendant et après la présentation, le premier vin et le deuxième vin, le stresse commençait à se faire une place en moi. A deux semaines de la date fatidique du treize du mois de septembre de cette année-là,
Je n'avais pas encore pu réunir la somme d'argent souhaitée afin de répondre à la demande de la belle famille et à l'organisation de la « manif » après les mariages officiel et religieux. L'insomnie a encore fait surface et ma femme pleurait, connaissant sa famille. A une semaine de l'évènement, un envoyé de Dieu vient solliciter que je lui vende une partie de ma terre afin qu'il installe sa ferme. J'ai accepté sans hésitation à sa demande, aussi j'avais peur qu'il ne profite de ma faiblesse afin d'acheter très moins cher ladite superficie ; ce fut le contraire. Ouf ! J'ai la somme qu'il me faut pour une bonne fête.
Quand je manage tout ceci, ma femme est tenue à l'écart parce que j'avais peur d'échouer devant elle. Arrivé en sifflotant à la maison, ma femme qui était déjà en larmes me regarda sans mot dire. Elle attendait que je dise quelque chose, mais j'ai fait un effort de garder le suspens. Ne pouvant plus supporter, tout en pleurant elle tomba sur moi tout en me frappant avec deux coup de points de femme sur ma poitrine et elle dit : « tu es rentré tout en sifflotant et cela m'a fait

croire que tu es prêt maintenant, malheureusement c'est le malheur qui, une fois de plus s'abat sur nous.... ». La serrant fortement dans mes bras, j'ai lâché le secret en disant : « Dieu n'abandonne pas ses enfants, car il a une fois de plus démontré sa grandeur, j'ai la somme qu'il nous faut pour tout organiser. » j'ai sorti la somme d'argent de ma poche et je lui ai donné et tout de suite, d'un quart de tour, elle est passée des pleurs à des cris de joie et des chants de louange à Dieu. Là, nous sommes à trois jours de l'événement. Le soir, nous avons prié et chanté pour remercier Dieu de son soutien incommensurable.

Dans les heures de l'après-midi du treize du mois de septembre, ce fut la descente de toute la divinité, car la joie était grande et la fête très belle dans la parcelle de mon bel oncle. Cette fois-ci, l'oncle fut impartial et très heureux.
Et deux jours après, ce fut le tour de la mairie et de l'église, de nous recevoir. Nous étions tous beaux, les enfants et moi ; surtout ma femme habillée en des robes blanche à la mairie et violette au bar du coin qui était appelé » La DETENTE », elle était très splendide.
Même, le ciel était content de participer à sa manière à nous accompagner pendant cette journée de fête ; c'est pourquoi à la fin de la journée, la pluie et le vent étaient au rendez-vous, nous empêchant de poursuivre cette manifestation peut-être tard dans la nuit. Dieu merci.
Cette phase de la vie d'un couple permet de découvrir, de vivre, de comprendre conscience de certaines réalités des deux familles résultantes de quatre composantes constituant des liens bien étroits avec les mariés. Le plus intéressant est que les intérêts sont de loin très différents entre les composantes et voir au sein de chacune d'elle. Encore mieux, au Congo Brazzaville en ce qui concerne les variantes de ce lien de mariage à l'Etat civil, qui se caractérise par la communauté des biens des mariés : « Biens communs » et « Biens séparés ».
Surtout que les familles aiment bien tout prendre après la mort du conjoint ; contracter un mariage à « Biens communs » est un blasphème et manque de considération. Dans la plupart des familles, c'est une voie ouverte à la grande sorcellerie.

Pour le couple qui, luttant dès le début de leur union à toutes les réactions et manifestations de mauvais cœur, nous ne pouvions que choisir un mariage à « Biens séparés » ; mais, nous avions discuté du sujet longtemps avant toutes les manifestations.
La surprise était grande, car nombreux sont des gens qui nous ont avoué le fait qu'ils ont été tous surpris par le fait que : « nous n'avons pas perdu espoir et nous sommes restés sereins malgré toutes les turbulences de la vie ».
Bravo, nous avons vaincu le désespoir et tous ses corolaires.

PHASE V

La chute du royaume,

La journée et la nuit sont tous les deux, les temps qui constituent un JOUR, mais chacun d'eux à des caractéristiques qui lui sont propres. Aussi, les deux participent activement à mouler notre existence individuelle, de couple et de tout l'environnement familiale, par les dogmes, les règles de conduite, les scènes lugubres, les convoitises et toutes les haines et surtout après avoir vaincu tous ceux qui incantaient nuit et jour pour votre chute. Depuis le début de notre vie de fiançailles, la guerre d'intérêt avait été déjà déclenchée par les plus proches de ma famille et plus tard d'une façon voilée par ma belle-famille. J'ai souffert de ce conflit d'intérêt durant toute ma vie entière et les gens se demandent même, qu'est-ce que j'ai commis comme pêché auprès de ceux qui veulent à ma vie ? Mes sœurs ne lâchent pas le morceau, il faut détruire ce qui venait d'être construit avec patience, amour et sagesse. Ce royaume leur gêne, elles ne peuvent pas supporter cette injure en pleine figure, car il faut trouver une fissure dans l'un des murs du royaume.

Deux ans après notre mariage, ma nièce sollicite que sa fille vienne vivre chez nous afin de suivre son cursus scolaire. Mais, à la petite assemblée ecclésiaste que nous fréquentions, le dirigeant m'a prévenu du danger dans notre foyer, une fois cette fille venait à vivre chez nous, il s'agit de ma petite fille. Omnambulé par le souci de la voir réussir, car étant déjà en classe de terminale, il était de bon la loi, que je puisse maintenant intervenir pour sa réussite. De retour des obsèques de la tante et l'oncle paternel de madame, tous décédés le même jour à Pointe-Noire, nous étions accompagnés de deux jeunes demoiselles, il s'agit de ma nièce en classe de 3ème et de ma petite fille, en classe de Terminal A. Je croyais résoudre le problème, mais la tâche a été rude et plus machiavélique que je ne le pensais.

Bref ! Une de ces nuits, ma petite fille me posa la question suivante : « qu'est- ce que l'énergie sexuelle ? Et comment fait-on pour conserver cette énergie pendant les rapports sexuels ? ».

En réponse, je lui donnai le livre de Maître OMRAAM qui en parle. Et je me devais l'obligation de répondre si possible à toutes ces questions.

Je n'imaginais pas ce qui se tramait dans ses pensées et je ne m'y attendais pas et j'avais été surpris malheureusement.
Pour revenir en arrière, pendant les grandes vacances de la deuxième année de notre vie commune, la nièce avait manifesté le désir de rejoindre sa ville natale, car chez nous il y avait trop de rigueur dans la gestion du temps. En outre, les questions réponses continuaient et ceci sans tabou tout en me rassurant de ne pas sortir des explications du Maître. Un jour, à la fin de la lecture du livre, elle me dit ceci « à nous revoir ce soir, car je te poserai la toute dernière question et elle partit à l'école. Pendant ce temps, toute cette semaine, ma femme allait dormir à la veillée mortuaire de l'un de ses petits frères de leur quartier et cette nuit-là, s'était la dernière veillée ; A mon arrivée du bureau, elle était déjà partie et avait laissé ma nourriture sur la table. Après le repas, je suis allé au lit pour me reposer avant de revenir au salon pour suivre le journal de 20 heures. A cette heure, dès que je me présente, les enfants vont dans leur chambre, car le journal du Congo est un temps perdu pour eux ; mais, elle était en train d'étudier. Passant d'une chaine à une autre, souvent trois à quatre chaines successivement. Après sa lecture, elle s'est rapprochée de moi en disant qu'elle doit maintenant poser sa question et voici sa question : « si je suis avec un homme, comment je fais pratiquement ? » moi je lui répondu par une question « Tu veux des hommes pour me poser cette question ? » et elle dit non et ajoute « je veux maintenant avec toi », promptement et avec agilité, elle s'est mise debout et saisi ma main droite avec sa main gauche et la droite s'était enfoncé dans ma longue culotte, pour que mon pénis se retrouve dans sa main et là, ce dernier a réagi aussi promptement et devenant tout rigide. Elle dit encore, si tu dis non, demain je dirai à ta femme que tu m'as violé et je ferai le tout pour que tu sois en tore. Ce fut notre première rencontre sexuelle, durant toute la nuit et elle était experte en ce jeux ; Vraiment experte en toutes les phases. Demain matin, j'étais dans le que faire et quoi faire devant ma femme, je ne savais pas comment m'en prendre et j'avais peur de ce qui allait se passer. Quant à elle, je ne remarquais même pas un petit souci quelque part ; Par contre, elle était contente et joyeuse et même ma femme fit cette remarque.

Trois jours après le forfait, je suis parti en mission à Pointe-Noire et dans mon sac de retour j'avais un colis de tisane en poudre d'après sa mère pour soigner son mal : la disménnhorée. Quelque jours qui suivirent mon arrivée de voyage, m'ont fait perdre la tête, je ne pouvais faire une minute sans la voir et ne pas être à ces côtés, je ne craignais plus ma femme et les enfants. Ma femme a fait de l'hypertension artérielle et elle était seule. La journée comme de nuit, j'étais plus proche d'elle.

Ce fut le calvaire pour ma petite famille, qui ne savait plus quoi faire et comment réagir, surtout pour les enfants qui ne pouvaient pas me le faire savoir...

Partie en vacances chez elle, je ne voulais plus qu'elle revienne chez moi, même étant à Brazzaville. Finalement dans ce désarroi, elle a fini par dire à ses parents que je l'avais violé pendant toute une nuit et montra même les habits déchiquetés. Le feu était allumé dans toute ma famille et les calomnies les plus insolites étaient à la page. Mon téléphone recevait près d'une trentaine d'appels qui me souhaitaient la mort. Mes sœurs biologiques, mes neveux et nièces ont voulu m'empoisonné même à distance. J'avais senti le poids de ce qui m'arrive parce que ma femme menace de divorcer. Je suis perdu et auprès de qui faire entendre ma voix, personne, sauf auprès de deux personnes : la nièce à mon défunt père qui habite à Dolisie avec son mari et la fille de mon défunt oncle ses filles qui sont à Makabana. Toute une année de supplice et j'ai bu vraiment le calice en cette année.

Je suis seul, même dans ma maison ; mais le téléphone avait le repos des appels fracassants, ce fut aussi un « ouf de » soulagement.

Le Vrai désert avait atteint son niveau le plus élevé de la sècheresse.

PHASE VI
La vie de couple sans lendemain,

La confiance, le respect, l'obéissance et la soumission ont quitté ma maison et sont allés s'installer ailleurs. L'ambiance n'est plus comme avant, tout devient timide et lourd dans l'exécution. On ne se parle presque plus, car les langues sont plus collées au palais qu'à faire un mouvement même pour dire bonjour. La vie au sein de ma famille devient de plus en plus maussade et surtout dans la chambre à coucher, chacun garde son coin ; la joie à totalement disparue et on devient des étrangers chez nous. Malgré la peur de se faire du mal, il y a eu quelque chose de fondamentale qui a été conservée intacte : le mangé. Le respect du ventre a été sans commentaire, respecté, peut-être, parce qu'il est le besoin fondamental qui n 'épargne personne quel que soit ce que tu es et ou la situation que tu es en train de vivre. Ce qui est plus rassurant est le fait que nous mangions la nourriture qui sortait de la même marmite, la nourriture est servie au su et au vu de tous. Quelques minutes pouvaient intercaler le moment de repas de chacun, mais j'étais rassuré de ce que nous mangions la même nourriture. Nous sommes devenus sœur et frère de mêmes parents, sauf que nous partageons la même chambre à coucher ; tout au moins pour sauvegarder le titre d'être mariés officiellement à l'Etat civil et religieusement. Dans le contenu, le mariage n 'existe plus depuis l'année 2013, car beaucoup des clichés ont été façonnés, à tel enseigne que toute la vie conjugale, de couple, de mari et femme, enfin d'époux à épouse a été totalement caricaturée par des images montées de toutes pièces. Pendant mon enfance, j'avais assisté à une bastonnade que mon père avait infligée à sa troisième épouse après trois jours de mésentente ou encore mieux sur l'incompréhension. Mon père avait l'habitude de quitter la maison et allait chez ses tantes paternelles pendant plus de cinq heures de temps, se disant qu'à son retour, les colères vont être dissipées et que la vie de couple reprendra normalement ; mais, c'est sans compter sur son épouse ce jour-là. Je ne savais pas quel était le sujet de leur dispute et mon père ne me l'avait jamais dit, ceci jusqu'à sa mort. La seule chose qu'il me disait toutes les fois que j'étais au village en vacances, c'est de ne jamais

lever la main sur quelqu'un, même dans la rue et surtout pas sur sa femme.
Une parenthèse, nous amène à Brazzaville où il a vécu, il était un soudeur homologué et très apprécié par son patron français et se préparait de partir en France avec son patron, tout était prêt pour son voyage. A deux semaines du départ, il obtient une permission, pour aller dire au revoir à sa grande sœur qui vivait au village. Comble de malheur, sa grande sœur va consulter les féticheurs afin de l'empêcher de partir et ce qui fut fait jusqu'à sa mort et il n'avait plus jamais remit pieds à Brazzaville. Une triste histoire de famille comme me le disaient ma tante et son frère, c'est l'ignorance.
Donc, disais-je, qu'il m'interdisait de frapper quelqu'un dans la rue, parce que de sa vie brazzavilloise, il a vécu cela. Il vivait à Bacongo, aussi longtemps qu'il a vécu dans cette parcelle, il n'avait aucune contradiction avec les gens vivant dans des parcelles avoisinantes, plutôt qu'il était aimé et respecté par les enfants, les femmes et les hommes. Ce jour de malheur arriva comme un voleur et frappa une petite et gentille fille d'une dizaine d'années. Mon père disait-il venait du travail et cette journée était fatigante parce qu'il avait travaillé durement pour achever ce travail qui était attendu. Arrivé à hauteur et en face de la parcelle précédant celle où il se logeait, cette fillette avançait doucement et arrivée plus proche de lui l'injuria en ces termes : « Mbula mama ku », cela veut dire « la nudité de ta mère ». Pour l'ethnie kongo, cela ne veut rien dire, car elle est considérée comme vulgaire et n'a aucune incidence sur l'injuriant, par contre, pour les Tékés, cette injure est d'une gravité sans précédent et pour défendre sa dignité, la victime a le droit de réprimander l'injuriant par des coups de chicotte pour un enfant, des échanges de coups de point pour les jeunes et pour les plus âgés, c'est faire appel au chef du village pour en savoir plus et infliger des amendes. Dans quel type de pression était mon père en ce moment ? Mais, disait-il qu'il regarda la fillette pendant près de cinq minutes, sans mot dire et la fixant sans battre les paupières. Après cela, il continua son chemin et dans sa chambre, il versa les larmes de colère. Mais, en moins d'une demi-heure, la surprise est grande et fatale, car, ce sont les pleurs et cette fillette vient de mourir. Imaginez-vous dans quelle situation inconfortable mon père se

retrouve ou il était confus durant tout le temps qu'a fait cette veillée mortuaire. D'ailleurs, une année après le décès de cette enfant, son père, un voisin immédiat, se rapprocha de moi et me dit ceci : « MOUAYA, tu dois vieillir et tu mourras chez toi ». Interpréter cela comme vous voulez.
Pour revenir sur sa femme qu'il avait fini par tapée après avoir fermé la porte de la maison, il est aussi vrai que celle-ci avait sans doute continué de provoquer son mari en insistant sur le sujet fâcheux. Notre maman avait passé un mois de maladie dans la maison. A cette époque vivait encore sa mère, donc notre grand-mère qui avait une interdiction formelle en ces mots : « ***Mon fils et toi mon petit-fils, de mon vivant et après ma mort, personne ne pourra plus jamais battre sa femme, quel que soit son motif. Celui qui le fera, me verra*** »...
Les vieux couples savaient sauver leur mariage, car chacun reconnaissait son rôle et aussi, ils savaient pardonner et recommencer à zéro. Mais, les générations actuelles vivent au-delà de leur union parce que chacun s'enlise dans sa supra-dignité à tel point qu'il n'a plus connaissance de son rôle dans un couple. L'épouse veut être l'époux et ce dernier est contraint d'accepter ce cataclysme marial au nom de la sauvegarde du mariage, il faut vraiment de la hauteur ; c'est le mariage d'aujourd'hui. Les clichés ont été déjà établis pour chaque membre de la famille du mari et voir celui de son mari. Il suffit d'une petite contradiction avec sa femme, alors tout se déclenche automatiquement et toutes les liaisons sont établies.
Dans tout cela, le seul regret que j'ai, est celui de voir même les innocents subir les fautes des précurseurs de la vie en famille du couple, qui avaient déjà posé des actes regrettables. Et surtout, lorsque moi-même je suis sujet à des envoutements, aux actes de sorcellerie qui vont jusqu'à vouloir arrêter mon existence sur terre. Nous vivons dans des soupçons incroyables et des non-dits sans précédents qui font de moi un époux enchainé, qui ne peux même plus prononcer même un mot de bienvenu à un membre de sa famille parce que la sorcellerie va faire surface. Dans la chambre, le frère et sa sœur peuvent parfois se toucher par erreur, mais, mon couple est un exemple de la reproduction par scissiparité des bactéries c'est-à-dire qui n'a pas besoin du sexe pour la pérennité de son espèce.

Sexuellement, je souffre parce que le dehors devient dangereux à cause des maladies, des pratiques obscures des femmes et du banditisme féminin.
Le royaume apparent est là, mais celui d'autrefois n'existe plus c'est-à-dire son âme n'est plus il y a de cela plusieurs années. Les toiles d'araignées commencent à être omniprésentes, les pistes qui étaient les plus sollicitées sont maintenant entachées d'obstacles, même les plus dangereux ; pour tout vous résumer, voici ce que dit l'épouse lors d'un malentendu avec son mari devant leur dernier enfant, je cite : **« *J'ai déjà un plan, j'attends le jour où tu seras bien et lorsque tu reviendras de ton travail je serai déjà partie* »**. Et, j'ai répliqué en disant : « ***pourquoi attendre aussi longtemps, donc ton plan est de me faire porter le chapeau de répudier ma femme au moment où je serai dans des bonnes conditions ? Cela n'arrivera pas et nous continuerons de vivre ensemble dès lors que tu effaceras mon mauvais cliché dans ton mental. »***

Mais, quelques jours après cet échange de paroles, sans doute que Dieu voulant me tester suite à mes paroles ;
Une bombe inattendue vient s'abattre de nouveau sur notre foyer ; le Créateur ne veut plus continuer de bénir notre couple et plus encore notre foyer ? car cela a un impact sur la vie de nos enfants.
Un matin de vendredi, 08 mars 2024, une nouvelle ensorceleuse et puissante par le choix de son origine et la force avec laquelle elle est transmise par le « médium », vient troubler le calme encore précaire de notre foyer.
Qui est ce médium ? il s'agit d'un monsieur au nom de MIN-JAMBE. Nous nous sommes connus, il y a de cela plus de huit ans dans les péripéties de la vie professionnelle. Quatre-ans après notre connaissance, il s'est présenté à moi comme un médium qui est capable de voir le passé et prédire le future de quelqu'un. La collaboration entre les deux familles s'est renforcée le jour où les deux épouses se sont acceptées mutuellement d'être ensemble, sans doute parce que leurs « étoiles se sont harmonisées ». Le seul bémol de toutes ses prophéties et traitements est la contradiction permanente entre les différentes actions et le caractère imposant de l'intermédiaire

spirituel. Assis en triangle dans l'un des salons de l'hôtel où il était logé et après avoir démontré que mon mariage depuis longtemps a été toujours menacé par mes sœurs qui n'aiment pas femme, car, elle empêche leurs actions nocturnes sur ma personne. Mais, la raison la plus fondamentale de ce mépris est la royauté ancestrale qui m'avait été léguée par les ancêtres, qui est freinée par elles à cause de ce mariage. Cette richesse doit servir les membres de la famille maternelle et non cette femme et mes enfants qui sont considérés des étrangers à la famille. Ce refus entraine la perte de mémoire de l'enfant et elles en veulent à nos vies : il nous faut mourir pour qu'elles récupèrent ces pouvoirs ancestraux.

Aussi, du côté de mon épouse, il y a aussi des opposants à notre mariage parce qu'eux aussi n'acceptent pas que je sois bénéficiaire à travers ma femme des pouvoirs et richesse qui lui avaient été aussi légués.

Je suis désolé, dit-il, avec toute la franchise et d'une façon directe de vous livrer ce message venant de Dieu ; car, à plusieurs fois je me suis refusé de ne pas vous le dire. Aujourd'hui, je ne peux plus accepter cette lourde responsabilité de continuer à s'opposer à la volonté du Seigneur : il s'agit que Dieu me demande de vous dire ceci, « **pour sauvegarder la vie de ton époux et celle des enfants et afin que se manifestent vos pouvoirs : vous devez divorcer. Dieu vous aidera de trouver la meilleure procédure de divorce.** »

Allez, continuer de demander à Dieu sur cette question et il vous communiquera les réponses souhaitées. Et pour terminer avec cette « prophétie », il nous demande de réagir si nous le souhaitons. Connaissant bien mon épouse dans ce genre d'exercice, elle a tout de suite réagit en disant ce qui : pendant notre période de concubinage, je demandais à Dieu de me guider en ces mots : « Dieu, Tu sais, je ne souhaite jamais faire des enfants avec deux hommes, dis-moi si ce garçon est celui qui va me marier et que nous resterons ensemble jusqu'à la mort prévue par toi et non par la jalousie humaine. » ; Pendant sept ans de concubinage, Dieu à chaque fois que je me concentrais sur le sujet, Il me montrait toujours mon mari actuel, ce qui confirmait les visions et messages des prêtres, des frères et sœurs de la confrérie. Et lorsqu'il est venu donner le premier et le deuxième vin, tous étaient très heureux. Voici ; ma question : « Dieu peux-tu me dire qui est

maintenant contre mon mariage ? Alors, que toutes les personnes concernées sont toutes mortes et il ne reste que les jeunes gens ?
Au lieu de se concentrer afin de recevoir la réponse de Dieu ; le présumé médium commence à s'énerver et menace mon épouse en disant qu'elle doute de lui ? cela, veut dire que vous n'êtes pas d'accord avec le message de Dieu ? Cet échange de paroles commençait à sortir du cadre de la sérénité qui doit caractériser un homme-de Dieu, c'est en ce moment j'ai intervenu en disant : « seul Dieu est le maître du destin de chaque homme qu'il a créé et de chaque couple qu'Il souhaité unir par sa propre volonté et maintenant qu'Il décide de séparer, alors, une fois de plus que sa volonté soit faite. »
Malgré, le choc que ce message a provoqué en ma personne, j'étais calme et très serein comme mon épouse, cela ne nous a pas perturbé.
Après ce moment tumultueux, rentrés à la maison, au téléphone, nous avons expliqué la situation à notre premier fils qui est notre premier conseiller. Après un moment de rire, il a voulu savoir quel est notre point de vue ? et comment est notre état mental ? en réponse, nous lui avons dit que nous sommes calmes et sereins, malgré que nos cœurs ont été fortement sollicités une fois de plus.
Dieu est-il capable de séparer ce qu'Il a lui-même vraiment unit ? Je ne crois pas même un seul instant. Mais que sa volonté soit faite, si telle est sa volonté, ce fut notre prière. Et nous avons continué de vivre notre vie de couple, sans y penser.

Ce que nous prenons la peine de raconter, semble être de l'utopie, mais cela a été le vécu quotidien d'un couple des terrestres et non des extraterrestres.

PHASE VII
La médiation,

La vie quotidienne des couples nous a beaucoup enseigné, car il y a des situations malheureuses causées par les médiateurs et/ou les médiatrices. Car, ils ou elles abusent de la confiance du couple qui se confie régulièrement à eux pour prétendre résoudre leurs situations et il ou elle devient l'époux (se) de madame ou de monsieur qui était conseillé.
Je ne sais pas si le terme tel qu'il est intitulé, cadre bien avec l'environnement qui est proposé. Quand on parle de médiation, on voit déjà les conflits majeurs, les guerres entre les Etats... Mais, je n'ai pas connaissance du terme approprié quand il s'agit des contradictions familiales et/ou des incompréhensions d'un couple.
Pour cette raison, vous me permettrez de l'employer dans les conditions qui sont les notre.

Aussi, les langues légères sont nombreuses, celles qui sont à la quête des informations, des couples afin de faire le colportage et ce qui entraine souvent les couples à être dans des disputes régulières. Et pourtant officiellement nous sommes mariés, ce qui veut dire le couple se doit l'obligation de se confier à leurs témoins de mariage, mais ce n'est pas le cas pour nous. Et pourtant, nos témoins de mariage sont de loin plus âgés que nous. Cette décision de ne pas avoir une troisième personne vient de depuis le temps de concubinage, car cela marquerait le manque de confiance entre nous et ceci pourrait entrainer notre séparation à l'époque et le divorce aujourd'hui.
Mais, actuellement avoir des gens capables de voir et d'entendre sans mot dire, c'est chose difficile et rare. Mais, comme nous souhaitons avoir quelqu'un pour nous aider à comprendre certaines choses et surtout se rendre compte de nos défaillances ; nous avions choisis nos propres enfants parce que nous étions conscients de leur sagesse. Malgré leur jeune âge ils ont été obligé d'attraper le taureau par les cornes et ont su apporter leur contribution à la paix dans leur propre maison.

Ils ont accepté de jouer ce rôle aussi délicat parce qu'il s'agit des parents et il faut éviter la déception de l'un des parents, ce qui peut devenir très fatale pour la suite, car l'un des parents, non satisfaits du conseil, peut traiter l'enfant d'avoir été partial en faveur de l'un d'entre eux. Aussi, dans ces conditions, il faut avoir des parents compréhensifs, capables d'encourager les enfants à jouer leur rôle. C'est ce qui fut fait, car nous avions respecté leur décision pour la bonne marche et l'avenir de notre famille.
Pour la première fois, il était tout tremblant, notre premier car il ne savait pas par où commencer afin de ne pas frustrer l'un des parents et accentuer la contradiction dans la maison.
Quel courage de la part de nos enfants et nous en sommes fiers parce qu'ils deviennent des grandes personnes ayant un plexus bien rempli. Nous sommes devenus les enfants et eux nos parents, « nzamè à Mpu», merci. Ce choix est très difficile à faire parce que les parents sont habitués à éduquer leurs enfants par des paroles, des faits et gestes ; ils sont les mentors et non des demandeurs d'aide, surtout quand il s'agit des problèmes de foyer concernant les époux. Nous avions cru en ce qu'ils sont devenus adultes et ils seront aussi confrontés à ces mêmes situations un de ces jours ; c'est pourquoi nous avons voulu déjà les embarquer dans notre navire de demandeurs de conseils.
Avec, l'aide de Dieu et de tout son monde invisible, Bravo ! Ils ont réussi avec toute la dextérité d'éviter la ruine du royaume. Et petit à petit, le sourire a été rétablit dans sa demeure dans et les nouvelles bases ont été redéfinies.
Notre mariage est sauvé grâce à notre progéniture et personne ne peut savoir les dessous de cette contradiction qui était en train de nous noyer dans la grande vague de rupture conjugale.

PHASE VIII
Notre Royaume a été ressuscité,

Ce moment douloureux a été plus vécu par nos enfants qui avaient la peur à fleur du front, car ils se référaient toujours des moments difficiles et insupportables que vivent mes cousins jusqu'à nos jours après le divorce de leurs parents. Et nous les parents avions la peur d'abandonner nos enfants, qui sont très chers pour nous. Aussi, il faut accepter notre compréhension mutuelle de s'humilier devant notre propre fruit afin de demander de l'aide. Certains diront que nous sommes courageux, d'autres langues nous traiteront d'avoir mal fait de faire vivre des moments exaltants, passionnants et surtout demandant une grande concentration, méditation et de la prise de conscience sur les résultats du rôle qui leur avait été assigné.
Ce fut un grand exercice pour chaque camp, mais cela a été facilité par l'acceptation à la fois honteuse et humiliante des parents qui ont laissé leurs enfants devenir leurs Juges. Nous étions à la barre de la destinée de notre mariage où l'ultime sanction serait la prison appelée Divorce. Dans cet exercice le vrai mérite revient à mon épouse, la mère de mes enfants, qui a d'abord supporté toutes mes caprices folles d'homme, de gérer avec promptitude et sagesse les violences et les malices des membres de ma famille. Aussi, je n'oublie pas toutes les maladies qui ont surgi pendant cette période tumultueuse.
Par ces écrits, voici mon mea-culpa à ma très chère épouse bien aimée et à mes très chers amis que sont mes enfants, auprès desquels j'ai montré un mauvais exemple. A leur tour, ils ont capitalisé cet exemple parce qu'ils ont pu remarier leurs parents pour la vie quotidienne du foyer qui est redevenue normale et vivable comme avant.
Il est aussi vrai, que « la sagesse n'attend point le nombre d'années » ; je viens de le vivre à travers mes enfants qui par la suite ont compris que dans la vie d'un couple, il y a des hauts et des bas. Le plus grand travail ce n'est pas de les vivre, mais d'être à mesure de les accepter d'abord, ensuite de comprendre que chaque difficulté est une leçon de l'invisible pour une vie. En outre, si la situation est là, c'est qu'il y a déjà une solution qui avait été déjà prévue et le contraire est impossible. La

précipitation et la non maîtrise de la situation sont souvent à l'origine des solutions apparentes.

Quand tous les membres de la famille ont la compréhension de ce que nous sommes et de ce que nous sommes obligés d'être, alors toutes les difficultés qui surgissent sont des solutions pour la vie heureuse familiale.

A tous ceux qui lisent ces phrases qui paraissent comme de l'utopie familiale, je ne pense pas vous faire du mal et je ne vous invite pas de vous aventurier à suivre notre exemple, mais suivez votre cœur tout en faisant attention à votre orgueil et votre arrogance. La vie de couple a besoin de la communication, du dépassement de soi pour la santé du couple et surtout pour la progéniture.

En sus de tout ce qui venait d'être dit j'aimerai m'engager dans une sorte de levé de doute, de confusion qui souvent peut entrainer une mauvaise interprétation, pas parce que les gens ne comprennent pas mais parce que cette valeur est maintenant plus rattachée à un seul domaine de la vie de couple. Les gens n'ont pas taure, mais on exagère trop, à tel enseigne que lorsque cette valeur est évoquée, tout de suite on pense directement à ce manque de respect du conjoint(e). Actuellement, près de 90% de divorces sont provoqués par cette valeur qui a été rabaissée au plus bas niveau de son interprétation dans la vie quotidienne et devient uniquement rattachée aux sexes ; il s'agit de la **FIDELITE**.

En plus de cette valeur qui est sexualisée, il y a un ensemble de comportements, surtout des membres de la famille de l'époux qui deviennent les plus incendiaires dans la vie d'un jeune couple. Surtout dans le Sud du pays où la succession est matriarcale, les gens pensent et croient que l'homme travaille pour assurer à 100% les besoins des sœurs, des neveux et nièces, des petits fils et petites filles, qui sont considérés comme étant la vraie famille. Ses propres enfants biologiques sont membres de la famille de leur mère et donc ne doivent pas bénéficier de l'attention particulière de leur père : absurdité totale. Et si cela n'est pas fait comme ils veulent, alors tous les malheurs s'abattent sur le couple, parce qu'ils cherchent des voies et moyens de vous séparer. Pour eux, cette femme est la porte malheur dans la famille, car elle représente la source de ce traitement infligé à eux par leur frère, oncle et grand-père et que sais-je encore. Certains diront que c'est la faute de la pauvreté de la majorité des familles du Congo dont les membres ne comptent que sur le concours de celui qui travaille. Cette assertion ne tient pas la route, car il s'agit non pas de la pauvreté des familles, mais d'un mauvais cœur.

Dites-moi, même ceux qui se comportent de la sorte en défaveur des enfants de leurs frères, n'aiment pas voir leurs propres progénitures être maltraitées par leurs époux ; quel paradoxe ? Alors où est la pauvreté dans ce cas ?

PHASE IX
La fin d'un voyage tumultueux,

Ce recueil est la résultante des témoignages de la vie de plusieurs couples, qui ont souhaité dans l'anonymat, raconter leur vécu de couple. Par contre, les noms sont ceux choisis par l'auteur avec la permission de ces derniers.
Ce qu'il y a lieu de retenir est le courage de ces couples de dire les difficultés qu'ils ont rencontrées et cette volonté qui les caractérise pour un objectif très précieux, celui de l'éducation des futures vies de couple et des différentes familles qui restent dans la plupart des cas très égoïstes et dictatrices de certains comportements vis-à-vis des jeunes couples.
Aux jeunes couples, je sais que vous êtes déjà soumis à cet exercice familial, mais l'amour sincère est votre seule arme qui vous protégera de toutes les tentatives de destruction de votre union. Par contre, pour tous ceux qui n'ont pas pu résister à cette agression familiale, je ne vous accuse pas, mais je crois bien à la faiblesse mentale de votre part de ne pas se défendre mutuellement. Et si vous êtes encore célibataires, alors prière de prendre tout le temps de comprendre chaque membre de votre propre famille avant de s'engager. Je ne vous décourage pas et non plus je ne vous fais pas peur ; ainsi, a été, est et sera toujours le comportement déviant des différents membres de famille, surtout des sœurs et cousines de la famille de l'époux. Elles oublient à l'instant « T », qu'elles sont dans les foyers et peuvent être victimes de tels agissements.
Toutes ces pages qui ont été écrites pour vous faire vivre les différentes difficultés que vivent les foyers, peuvent être résumées par l'histoire d'une jeune fille qui est bousculée par une grande et grosse femme âgée avec beaucoup des bagages à portée des mains, dans un bus de transport en commun. La jeune fille ne proteste pas et préfère céder sa place, pour se mettre debout jusqu'à sa destination. Par la suite, quand elle est interrogée par le jeune voyageur qui a assisté à la scène, en cherchant à savoir pourquoi elle n'a pas protesté et faire valoir son droit. Elle répond en disant : pourquoi se chamayer

et se créer des problèmes inutiles alors que le voyage est si court et encore mieux, à bientôt je vais descendre à la prochaine station.
Par cette histoire, on est en droit de comprendre que notre pèlerinage est de très courte durée et qu'il faut éviter les scandales et même si scandales il y a, plutôt qu'il faut se vêtir des valeurs qui sont souvent qualifiées de faiblesse, de lâcheté par le commun des mortels, alors ces valeurs sont synonymes de grandeur.
Par cette noble attitude, nous sauverons l'essentiel.
Ainsi, la date du 18 février 2024 est le « jour de l'unité » c'est-à-dire « Tout en un » où l'aiguille de la pendule est ramenée au départ par toutes les parties. Cela a été voulu par l'Architecte Créateur qui a choisi de tout résoudre à partir d'un fait éducatif qui est loin des contradictions d'un couple : la médiation divine.
En date du 16 février 2024, l'un de nos enfants qui va présenter pour la troisième fois son baccalauréat scientifique, rentre très tard à la maison, après ses cours. Environ 14 heures de temps, hors de la maison parentale, nous étions à la fois furieux, anxieux et surtout les deux, avions la peur au vendre de perdre notre enfant bien aimé. Nous étions dans les rues ne sachions plus quoi faire. Mais, enfin, il est arrivé et nous étions soulagés mais toujours fâchés, nous voulions savoir pourquoi cette arrivée tardive ? après ses explications convaincantes, ma femme et moi avions accepté cela ; mais tout en lui demandant de ne plus répéter ce comportement qui ne nous honore pas. Le lendemain, samedi, 17 février 2024, moi, son père sachant qu'il devait être fatigué suite à la torture par la diarrhée, je lui ai demandé de rester à la maison.
Malheureusement, il est sorti tôt le matin pour une destination inconnue à notre connaissance. Tant qu'il fait jour, les parents que nous sommes ne pouvons pas penser à autre chose ; à partir de 18 heures, nous avons commencé à nous inquiéter car l'enfant n'est pas à la maison. Sa mère et moi étions déjà dans les rues, dans les salles de jeux... ; tout en espérons le voir. Il n'est toujours pas arrivé, l'inquiétude et la peur montent et commencent à bousculer notre sérénité et c'est à cet instant que mon épouse a eu le réflexe d'appeler son collègue de classe, pour savoir s'il était en classe et la réponse affirmative de ce dernier a permis de baisser notre tension. Il est 22 heures 05 minutes, une

dizaine de minute après notre arrivée à la maison, l'enfant est aussi arrivé ; Ouf ! nous sommes soulagés. Sa mère, cette fois-ci est plus calme et le pose la question de savoir où était-il après les cours, car Archange nous a renseigné de ta présence à l'école. En réponse, il fait savoir à sa mère qu'il était obligé de partir à l'école malgré sa fatigue parce qu'il avait un cours important et au sortir de la bibliothèque autour de 17 heures 30 minutes, en route pour la maison je suis resté dans une salle des jeux pour regarder à l'écran de la télévision un match de la Ligue des champions. Cette nuit-là, je me suis refusé de prononcer un mot, donc je suis resté tranquille sans mot dire et sa mère après avoir l'écouté, elle est sortie de sa chambre. Par la suite, les contradictions ont commencé à faire surface à cause de nos points de vue contradictoires sur la vie de l'enfant et mes sœurs biologiques, car mon épouse ne veut pas que j'en parle à mes sœurs sur leur façon de considérer mes enfants, comme faisant partis d'une autre famille, donc de ma femme et non la mienne. Avec toute la sagesse, nous avons pu arrêter cette discussion qui glissait doucement vers la palabre. Nous avons dormi sans savoir qu'est ce qu'il faut faire, tout au moins, nous avons tous les deux décidé de sortir notre enfant de cette situation par notre propre effort, par la prière. Ainsi, dès 04 heures du matin, nous étions debout pour une séance de prière à ce sujet, ce qui fut fait jusqu'à 05 heures du matin. La prière était très intense à tel enseigne que les deux parents étaient en larmes et mon épouse reçu un message disant qu'à la fin de la prière, il nous faut parler à l'enfant dans notre chambre et j'ai laissé à sa mère de le faire. Elle a parlé à l'enfant de sa vie depuis les conditions de sa conception, les menaces d'avortement involontaire à 3 mois, à 5 mois et à 7 mois de grossesse ; donc, sa mère et lui étaient au bord de la mort et encore mieux quand la poche des eaux gênait les sages-femmes, de bien toucher la tête de l'enfant, elles croyaient à un monstre lors de ces touchées du Col de l'utérus. Surtout que par manque d'argent, il n'y avait eu qu'une seule visite prénatale...

Dieu, Lui-même a fait le reste tout en mettant sur notre chemin les personnes qu'Il avait déjà choisies dont la Sage-femme qui nous permis de sortir sans payer les frais de l'hôpital parce que nous étions inscrits comme étant ses enfants et aussi a payé le taxi de retour à la maison.

La seconde personne fut notre premier fils qui pendant que lui et son ami feuilletaient les documents que j'avais mis dehors pour être brûlés, il trouve 20.000 FCFA dans l'un livre. Et malgré la pression de son ami, il a dit non à son ami tout en disant que l'argent appartient à son père et il n'avait pas le droit de le prendre. La troisième personne est monsieur MAKANI, qui fut l'un des sous-traitants qui travaillait avec moi. Après que l'enfant est annoncé la nouvelle que nous étions à l'hôpital pour l'accouchement de son petit frère ; ce dernier tendit l'enveloppement contenant une somme de 40.000 FCFA, à remettre à papa.

Arrivés à la maison, ne sachant pas par où commencer pour avoir quelque chose à manger, surtout pour la nouvelle mère, l'enfant va dans la chambre et sortant, il me tend une somme de 60.000 FCFA tout en expliquant ce qui s'était passé : Gloire à Dieu, nous sommes sauvés.

La quatrième personne est l'ensemble des frères et sœurs du groupe de prière de mon épouse, qui sont venus nous rendre visite. Pendant la prière, tous en transe ont communiqué les prénoms d'Emmanuel et Sagesse qui sont désormais les prénoms du nouveau-né ; ainsi, est la volonté de Dieu. A la fin de la prière, ils nous ont donné 20 bouteilles d'eau Mayo, 10 boite de lait Nestlé, 60 morceaux de savon et 15 paquets de sucre. Une fois de plus : Gloire à Dieu, pour tout ce qu'il vient de faire à travers ses enfants, grande était notre soulagement, car pendant plus de deux mois, le savon ; le sucre, le lait et l'eau ne pouvaient plus être achetés...

Elle a dit à l'enfant toutes les difficultés que nous avions rencontrées pour les élever du point de vue financière. Et, notre souci majeur est de les voir réussir et être bien assis avant notre départ de l'autre bout inconnu du monde. Aussi, elle a démontré que l'enfant est très intelligent et n'a jamais repris une classe et aujourd'hui, quelle est la raison fondamentale de cette paresse et ce manque de sérieux pour son avenir ? Les enfants sont et resteront toujours nos amis et pas nos ennemis, tu le sais. Ensuite, dit-elle, pourquoi ne veux-tu pas nous dire les problèmes auxquels tu es confronté ?

Depuis les péripéties de sa naissance, tête basse, soutenue par ses deux mains au niveau frontal, face tournée vers les carreaux, l'enfant pleurait, pleurait, encore et encore. A la fin, les trois, étions en larmes

et nous nous tenons pour se soutenir. Après avoir glorifier pour une unième fois Dieu, l'enfant est sorti et nous sommes restés.
Encore, Dieu a touché sa fille qui me dit ceci, je cite « Depuis que nous prions, c'est pour la première fois que tu as fait une longue prière. Mais, elle a été très profonde et très touchante, elle est venue droit des profondeurs de ton cœur. Notre enfant est sauvé et délivré par notre propre effort et non de toujours chercher l'aide des autres, alors que nous sommes capables de le faire. »
Elle continue en disant qu'à partir de maintenant, malgré les décisions qu'elle avait prises de ne plus me considérer comme son mari et de ne plus avoir de l'amour pour moi jusqu'à la mort, car elle vivait dans ce mariage pour ses enfants. Alors, tout ceci devient nul par le nom glorieux de Dieu, « je te pardonne sincèrement et ce pardon vient du fond de mon cœur ; tu redeviens mon mari que j'ai aimé et que j'aimerai toujours et je ne te trahirai toujours pas. »
A mon tour, j'ai dit ceci : « Gloire à Dieu et merci à toi, qui malgré mes fautes graves d'infidélité et de non-respect parfois, tu viens de décider de me reconsidérer comme ton mari et tu m'as pardonné. A moi aussi, le peu de temps qui nous reste sur terre, je promets de ne plus jamais te faire souffrir par mes fautes et je tiens te respecter comme ma très chère épouse et mère de mes chaleureux, intelligents et sages enfants. Moi aussi, je te pardonne de toutes tes mauvaises décisions et considérations. Reprenons à zéro notre Amour. »
Et, elle a prévu une deuxième séance de réconciliation et de pardon en ce qui concerne la vie sexuelle du couple, car, ce secteur, ne pouvait pas être épargné étant le soutien de toute union.
Je vous laisse imaginer comment sera cette deuxième séance qui est le socle du mariage…

Avoir des rapports sexuels avec ma femme était devenu un rêve d'enfance ? Je ne peux plus la toucher et nous avions maintenant la vie d'un couple de l'époque de nos ancêtres. Aussi, je n'avais plus envie d'y aller avec des femmes en dehors de mon foyer malgré cette situation. Ce faisant, j'avais opter pour une pratique souvent décriée par les églises et autres. Ce choix a été celui d'un homme désespéré et c'est recroquevillé sur lui-même pour se satisfaire en ce besoin physiologique, il y a déjà de cela près de sept (07) ans. Même, quand elle accepta que je me rapproche d'elle, elle ne peut pas me toucher et se retourner vers ma personne : je bénéficie de son dos et de ses fesses si et seulement si Dieu est en ma faveur. Voilà, une autre forme de vie de couple qui a fait surface et je me contentais de ce geste pour me sentir heureux.

Et j'étais vraiment heureux dans cette situation.

Table des matières

FSC
www.fsc.org
MIX
Papier | Fördert gute Waldnutzung
FSC® C083411

Kolibri 360 GmbH
Ferdinand-Jühlke-Straße 7
99095 Erfurt, Deutschland
produktsicherheit@kolibri360.de

Druck:
CPI Druckdienstleistungen GmbH
im Auftrag der
Kolibri 360 GmbH
Ferdinand-Jühlke-Str. 7
99095 Erfurt